Pourquoi les lapins mangent-ils leurs crottes ? pages 12-13

Pourquoi dort-on plutôt la nuit ? pages 14-15

De quoi est fait le cerveau ? pages 16-17

Pourquoi éternue-t-on lorsqu'on respire du poivre ? pages 22-23

Avoir une petite tête, ça veut dire qu'on est bête ? pages 24-25

Pourquoi papi ne nous reconnaît plus ? pages 32-33

Mais où est donc le cerveau ? pages 34-35

Mon p'tit dico du cerveau pages 36-37

Les mots en **vert** dans le texte sont expliqués
à la fin du livre dans **mon p'tit Dico**.

correction : Laurent Palet

editionsmilan.com

ISBN : 978-2-7459-9247-5 – Dépôt légal : 1er trimestre 2018 – Imprimé en Chine

le cerveau

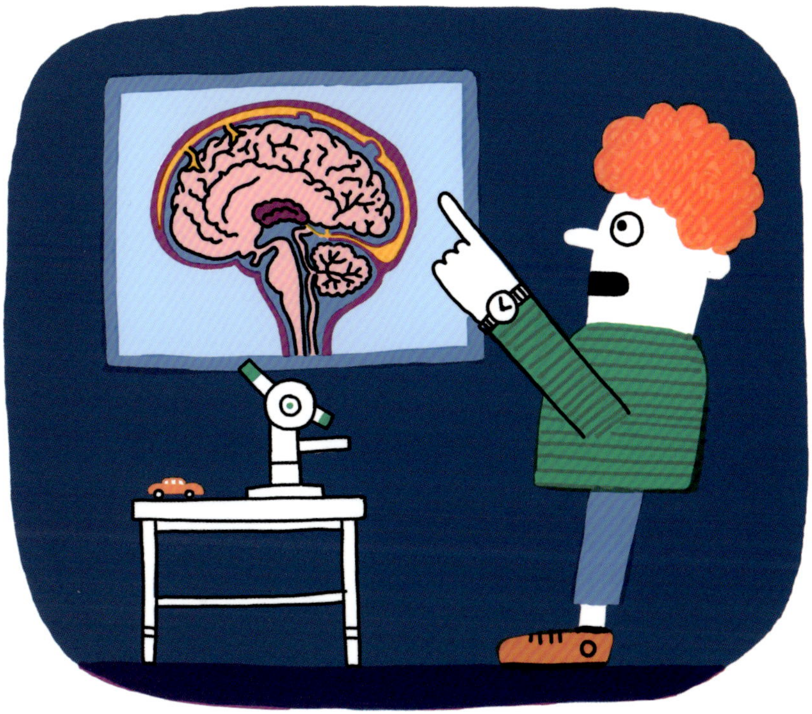

Textes d'**Angélique Le Touze**
Illustrations de **Benoit Tardif**

MILAN

C'est quoi, le cerveau ?

Dans notre tête, il y a un organe tout mou qui ressemble à un gros chou-fleur. Il pèse plus d'1 kg ! C'est notre cerveau !

Notre cerveau commande tout ce qui se passe dans notre corps. Il nous permet de réfléchir, courir, manger, respirer, parler, ressentir des émotions, aimer ou encore créer.

Il est si important que notre corps fait tout pour le protéger. Il est entouré de 3 enveloppes (les **méninges**), d'un liquide (le **liquide céphalo-rachidien**) et surtout des os de notre boîte crânienne, la zone la plus solide de notre corps.

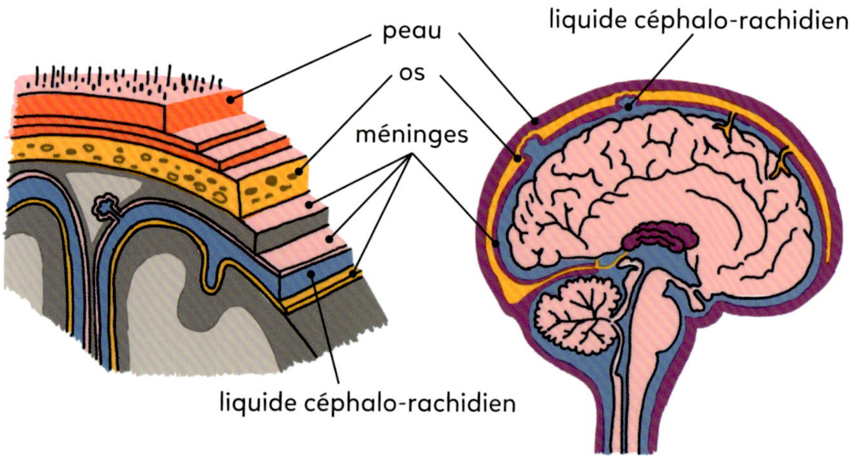

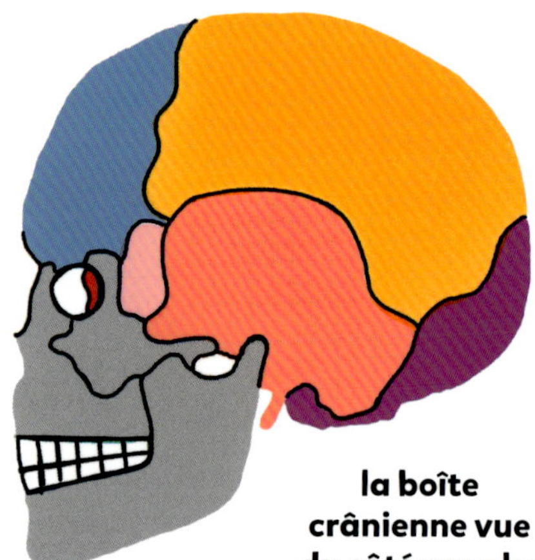

la boîte crânienne vue du côté gauche

À quoi sert le liquide céphalo-rachidien (LCR) ?

On place un œuf dans une boîte vide et un autre dans une boîte remplie d'eau. On remue la première, puis la seconde.

Dans la première, l'œuf s'est cassé, mais pas dans la seconde : l'eau a protégé l'œuf des chocs, comme le LCR protège le cerveau dans la boîte crânienne.

Notre cerveau mesure 2 m^2, c'est plus grand que la surface d'un lit. Pour rentrer dans notre tête, il est donc plié et replié ! Et sa surface, le **cortex**, est toute fripée.

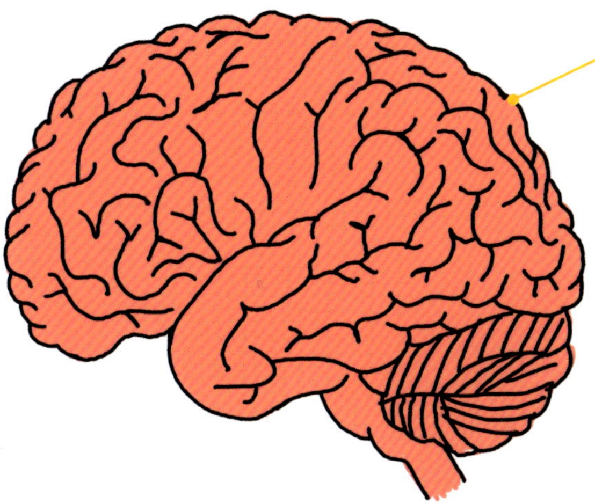

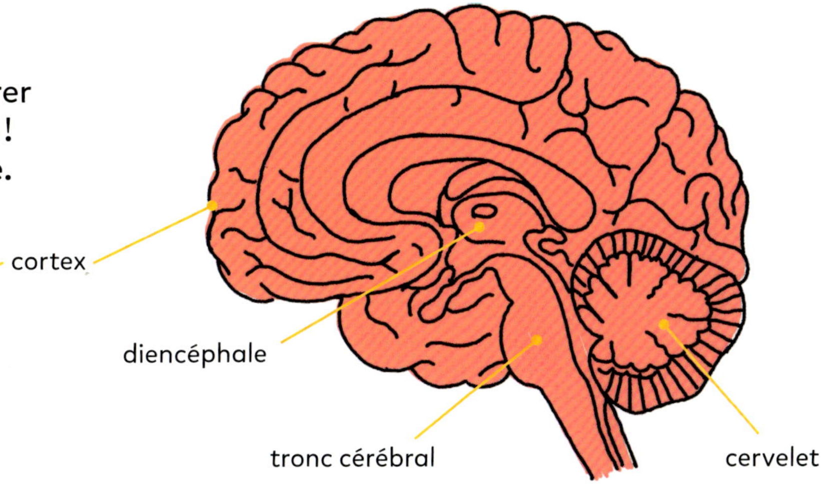

Le cerveau n'agit pas tout seul ! Avec le **diencéphale**, le **tronc cérébral** et le **cervelet**, il forme une équipe qu'on appelle l'**encéphale**.

Comment le cerveau **commande-t-il** ?

Comme un chef d'orchestre, le cerveau dirige tous les organes en même temps… et c'est ce qui nous permet de vivre.

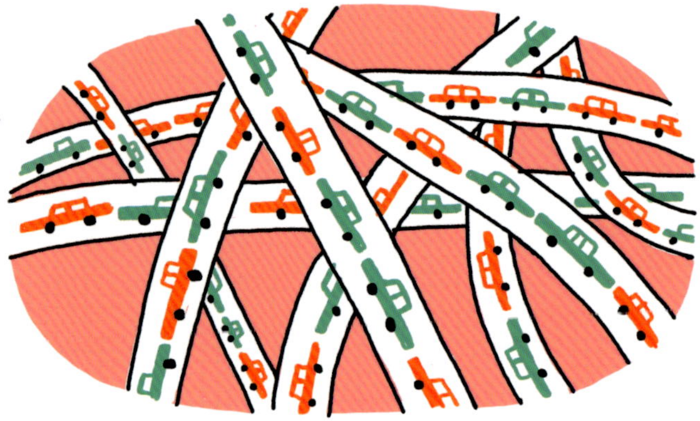

Pour donner ses ordres, le cerveau n'utilise pas de baguette mais un gigantesque réseau de routes : les **nerfs**. Des gros, des moyens, des petits, de la racine des cheveux jusqu'au bout des orteils.

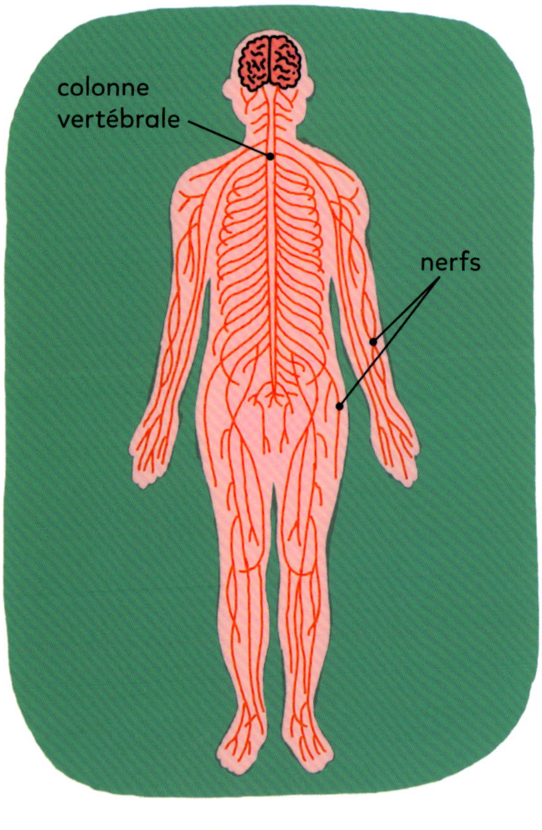

Grâce à ces routes, le cerveau envoie ses messages sous forme d'électricité. Et plus la route est large, plus ça va vite !

À leur sortie du cerveau, les nerfs qui partent vers le bas du corps se rassemblent et forment une autoroute, la **moelle épinière**. Elle entre dans un énorme tunnel d'os, la colonne vertébrale.

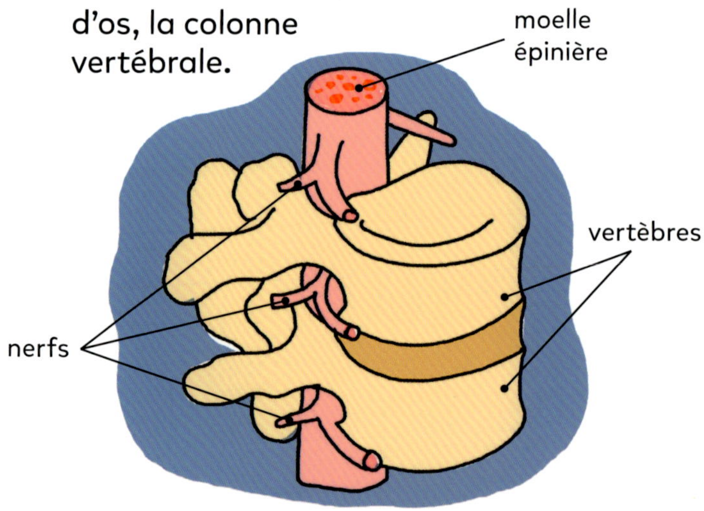

Où se cache la **moelle épinière** ?

1. Si on touche au milieu de notre dos, on peut sentir notre colonne vertébrale. On peut même la suivre de haut en bas, de la tête jusqu'au haut des fesses. Elle protège notre **moelle épinière**.

2. En se baissant, il est facile de sentir les 7 vertèbres cervicales et les 12 vertèbres thoraciques.

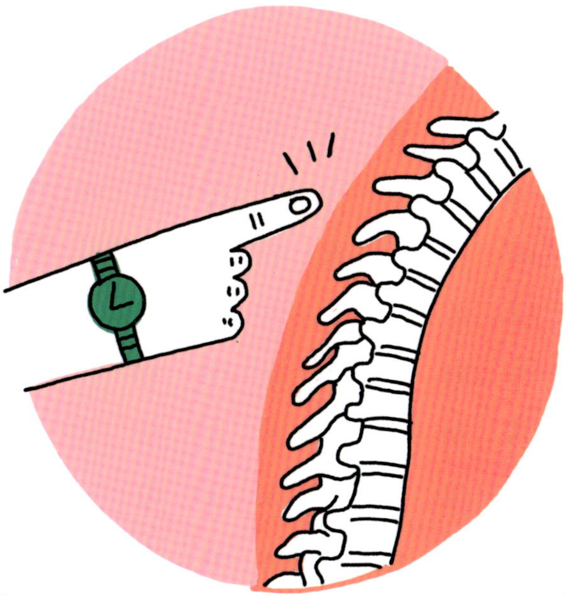

Les **nerfs** utilisent l'électricité envoyée par le cerveau pour ordonner aux muscles de fonctionner. C'est en faisant une expérience sur une grenouille morte que Luigi Galvani, un médecin italien du 18e siècle, l'a découvert. Il a relié le nerf d'une cuisse à un appareil produisant de l'électricité et la patte a sauté !

Qui fait **battre notre cœur** ?

C'est notre cerveau qui fait battre notre cœur, plus ou moins vite… selon nos émotions ou nos actions.

Plus précisément, dans le cerveau, c'est le **tronc cérébral** qui agit sur notre cœur et qui contrôle notre respiration.

Le **cervelet**, lui, permet de garder l'équilibre et de faire plusieurs mouvements en même temps.

Comme la digestion et la transpiration, tout cela se fait tout seul, on ne s'en rend pas compte ! On dit que c'est **inconscient**. Et, heureusement, car sinon il faudrait penser à trop de choses en même temps !

Tout ce que nous faisons volontairement, comme parler aux copains, faire de la balançoire, grimper sur une chaise, manger une pomme ou encore décider de mettre un pull vert, est appelé une action **consciente**. Ces actions-là, c'est le **cortex** qui les commande !

Souviens-toi de tes rêves

Quand tu dors, ton cerveau continue son travail sans t'embêter, tu es **inconscient**. C'est pourquoi, alors que tu rêves toutes les nuits, tu ne t'en souviens pas...

Sauf quand tu te réveilles tandis que tu étais en train de rêver : à ce moment précis, hop, un petit bout de ton rêve passe dans ton **conscient** !

Pourquoi les lapins mangent-ils leurs crottes ?

Les lapins mangent certaines de leurs crottes, celles qui ont besoin d'être digérées 2 fois, pour leur apporter des vitamines. Pour eux, l'odeur n'est pas dégoûtante, car leur cerveau sait qu'elles sont bonnes pour leur santé.

C'est le rôle de l'odorat et des autres sens : informer le cerveau sur ce qui se passe à l'extérieur et à l'intérieur du corps, pour qu'il réagisse au mieux pour notre survie.

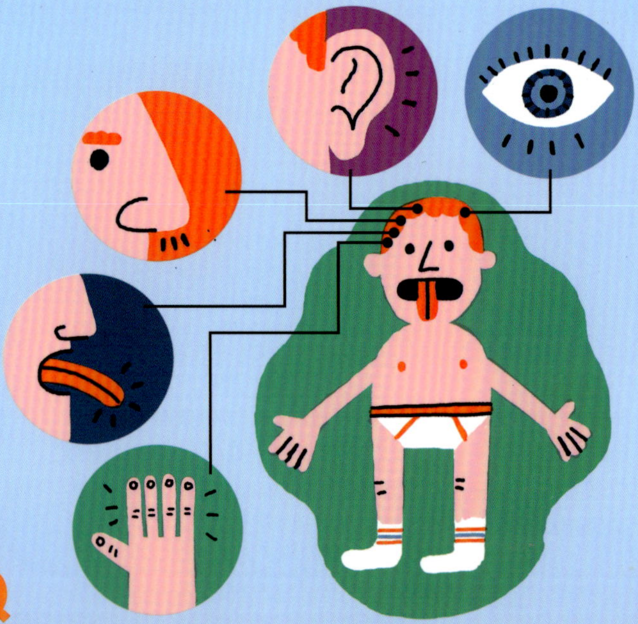

Et des sens, nous en avons plus de 10 ! Les 5 plus connus sont l'**odorat**, la **vue**, l'**ouïe**, le **goût** et le **toucher**… mais il y a aussi la sensation de la température, de la faim et de la **satiété**, de l'équilibre, de la douleur… et de ton corps lui-même !

Isole tes sens

Place un bandeau sur les yeux d'un copain, puis mets sur sa langue, tour à tour, un peu de différents aliments : sucre, sel, citron, moutarde…

Il est capable de les reconnaître les yeux fermés grâce à ses papilles gustatives. Ce sont des petites bosses sur la langue qui permettent de sentir le goût des aliments.

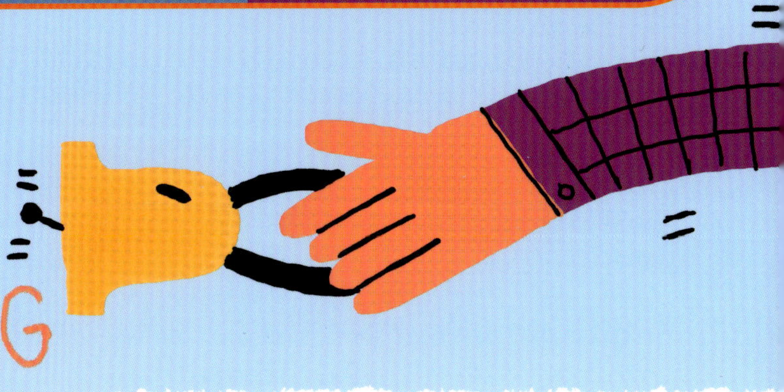

C'est quoi, le réflexe de Pavlov ?

C'est une expérience célèbre du médecin russe Ivan Pavlov. Pavlov fait sonner une cloche à chaque fois qu'il va nourrir son chien. À l'odeur, celui-ci se met à saliver, ce qui l'aide à bien digérer. Un jour, Pavlov fait sonner la cloche sans donner la nourriture : le chien salive quand même ! Le son de la cloche est devenu une information annonçant le repas au cerveau… qui aussitôt prépare le chien à bien digérer.

Pourquoi dort-on plutôt la nuit ?

Le soleil s'est couché, nos paupières sont lourdes… C'est bientôt l'heure de dormir ! Mais pourquoi dort-on pendant la nuit et non pas dans la journée, comme les chats ?

Parce qu'au milieu du cerveau, il y a une toute petite boule appelée la **glande pinéale**. Le soir, lorsque la lumière baisse, elle se met à fabriquer une **hormone** : la **mélatonine**, une substance qu'elle envoie dans le sang. C'est elle qui nous donne envie de dormir !

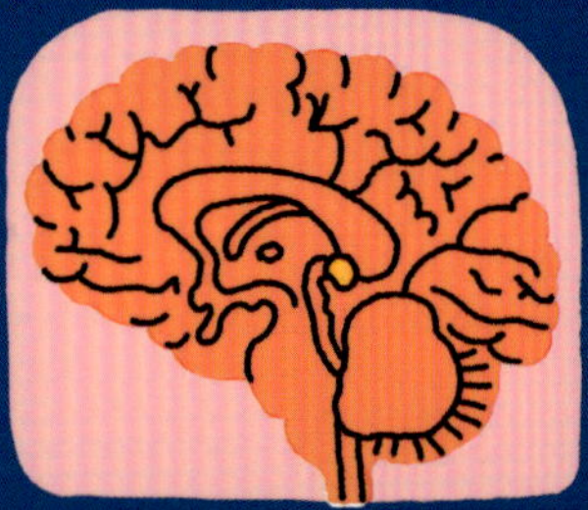

Durant notre sommeil, le cerveau, lui, reste actif ! Il renforce notre mémoire et fabrique tout un tas d'**hormones** différentes. Elles nous permettent de grandir, de fortifier les défenses de notre corps et de contrôler notre faim.

Notre sommeil n'est pas pareil toute la nuit : il est fait de cycles d'1 h 30 qui se répètent 4 à 6 fois.

Dans chaque cycle, nous sommes d'abord en sommeil lent léger, puis en sommeil lent profond et enfin en sommeil paradoxal.

En fonction du type de sommeil, le cerveau est plus ou moins actif. C'est en sommeil lent profond qu'il fabrique le plus d'**hormones**, et c'est en sommeil paradoxal que nous rêvons.

De quoi est fait le cerveau ?

Si l'on observait le cerveau avec un microscope, on verrait des tonnes de petits éléments vivants : les **cellules**. C'est ce qui compose tout notre corps !

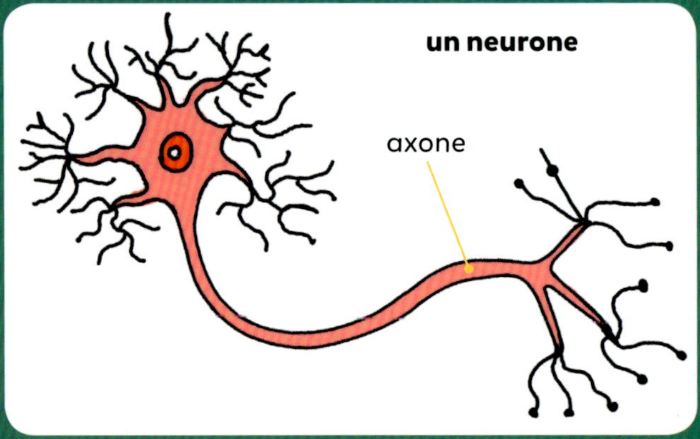

Voici un **neurone**. On dirait un gros bonhomme rond avec plein de cheveux et une seule jambe, l'**axone**.

Dans le cerveau, il y a 2 sortes de **cellules**.

Celles qui communiquent entre elles et avec le reste du corps sont les **neurones**. Il y en a 100 milliards !

Les autres sont les **cellules gliales**, les nounous des **neurones** : elles prennent soin d'eux pour qu'ils fonctionnent bien.

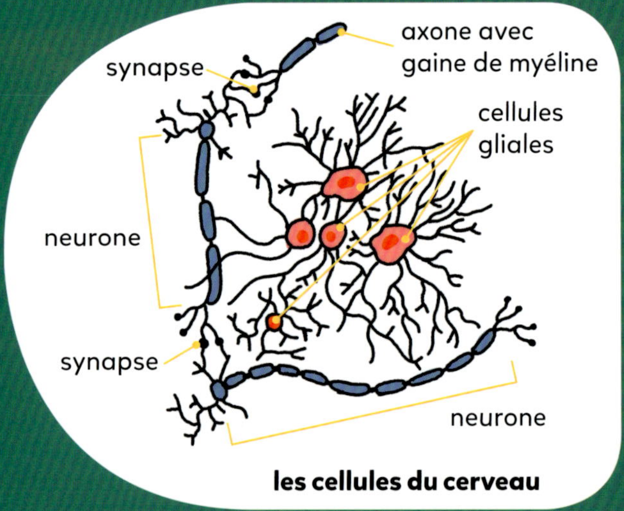

Dans le cerveau, les **neurones** se rassemblent tous aux mêmes endroits pour communiquer plus facilement entre eux. Ces endroits sont gris, c'est la substance grise.

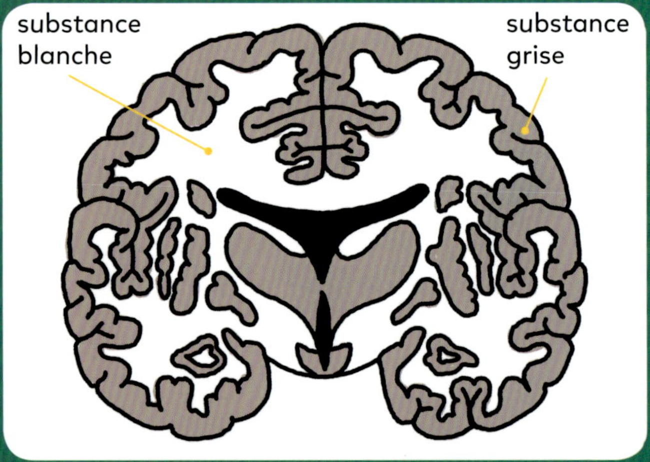

Les **axones** rassemblés forment les **nerfs**, blancs, qui passent dans la substance blanche.

À quoi ressemblent les neurones ?

On a longtemps pensé que le cerveau était fait de routes reliées entre elles sans interruption, comme une gigantesque toile d'araignée. C'est en observant au microscope des bouts de cerveau colorés qu'un biologiste espagnol a découvert les **neurones**. Les routes transparentes sont en fait des milliards de **cellules** reliées les unes aux autres.

Comment fonctionnent **les neurones** ?

Sur le bout de l'**axone** d'un **neurone** se trouve une petite bosse : c'est un peu la bouche du **neurone**.

Voici deux **neurones**, Truc et Bidule. Pour parler à Bidule, Truc s'accroche à la membrane de Bidule et forme un lien avec elle : la **synapse**.

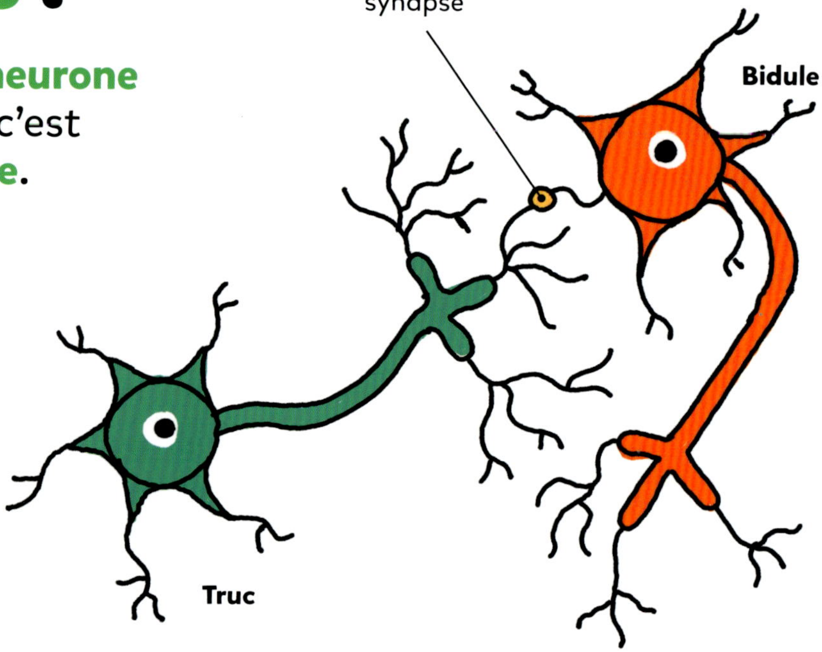

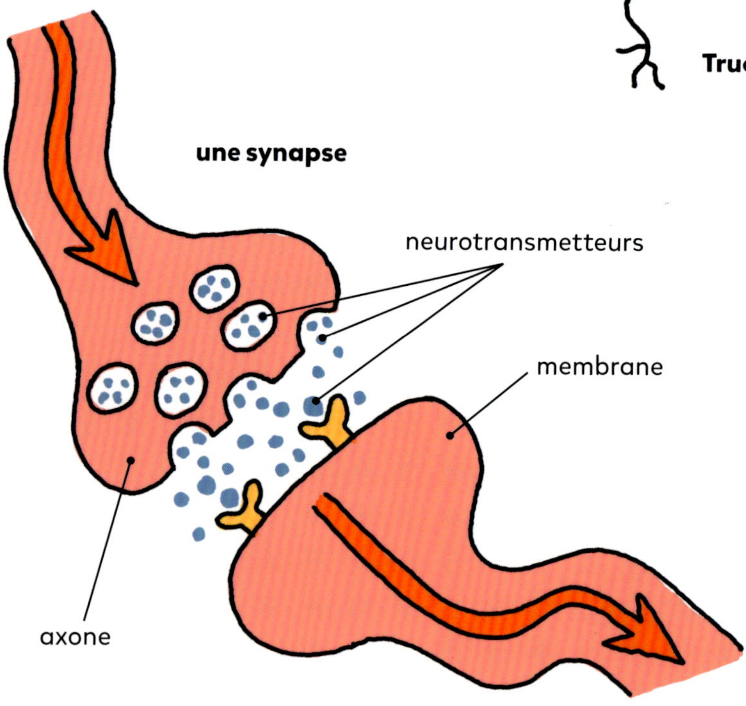

Dans la **synapse**, l'**axone** de Truc envoie à Bidule de tout petits signaux, les **neurotransmetteurs**, qui vont s'accrocher sur sa membrane.

Quand Bidule les reçoit, le message devient de l'électricité. L'électricité court alors à toute vitesse sur la membrane de Bidule jusqu'à atteindre sa bouche… et à son tour, Bidule peut transmettre le message !

Et quand l'**axone** porte un drôle de pantalon nommé la **gaine de myéline**, l'électricité court encore plus vite.

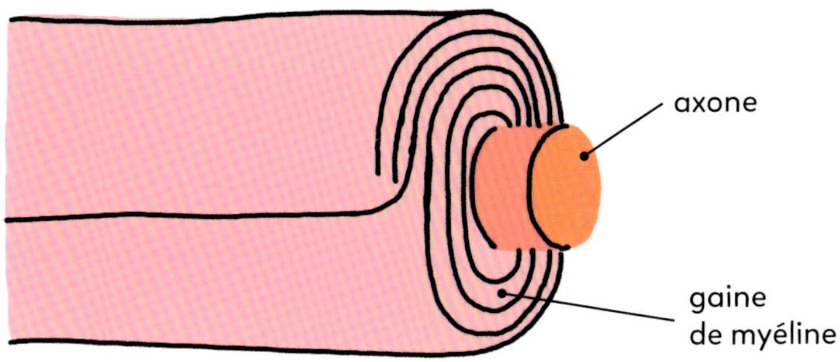

C'est grâce à elle qu'un ordre du cerveau peut aller en moins d'une seconde jusqu'au bout des orteils !

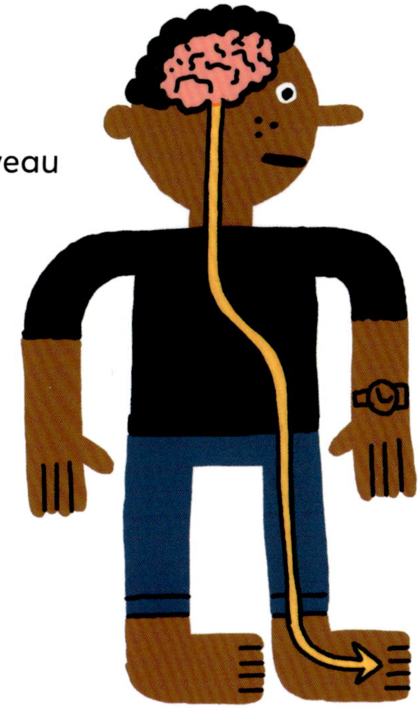

Comment fonctionne une chaîne de neurones ?

Pour transmettre une information, il faut être plusieurs.

1. L'un est le cerveau, un autre le corps, et tous les autres se tiennent la main pour former une chaîne de **neurones** entre le cerveau et le corps.

2. Le cerveau chuchote un ordre : « Lève ton bras droit ! » au premier **neurone**, qui bouge son corps et serre la main de son voisin en lui chuchotant le message à l'oreille. Et ainsi de suite jusqu'au corps.

Comment arrive-t-on à faire plusieurs choses à la fois ?

C'est le cours de sport. Gilen s'apprête à faire une passe à Youssra pour qu'elle marque un panier. Sans qu'elle s'en rende compte, le cerveau de celle-ci va, en quelques secondes, préparer tout son corps à cette action.

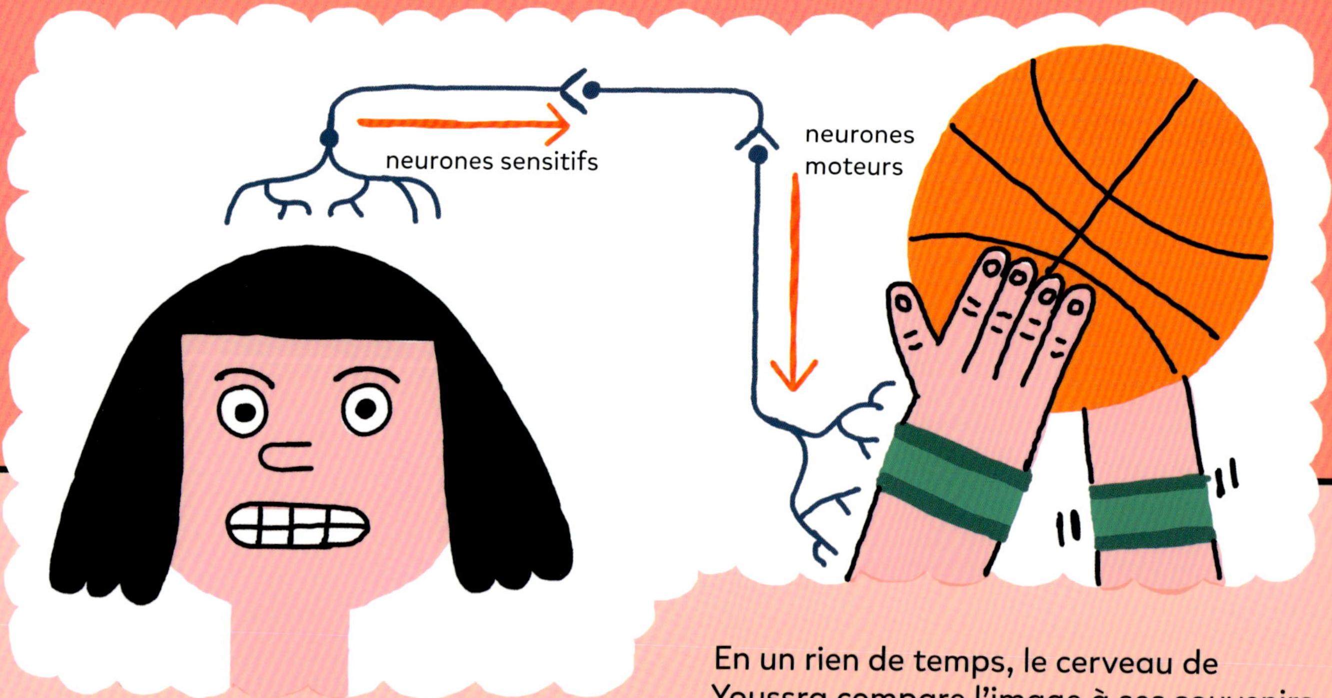

Youssra voit Gilen qui se tourne avec la balle. À l'intérieur de ses yeux, les **neurones** du sens de la vue, appelés **neurones sensitifs**, reçoivent cette image.
Aussitôt, par le nerf de la vue, le **nerf optique**, ils l'envoient dans le cerveau.

En un rien de temps, le cerveau de Youssra compare l'image à ses souvenirs et prend une décision : vite, il faut rattraper la balle, courir vers le panier, éviter l'autre équipe et marquer.

À toute vitesse, le cerveau de Youssra envoie alors des ordres dans tout son corps, grâce aux **neurones moteurs**.

Pour courir, il faut contracter tout un tas de muscles, et donc leur apporter de quoi respirer et manger, grâce au sang, qui transporte l'oxygène et les **nutriments**.

C'est pourquoi le cerveau de Youssra ordonne à ses muscles des bras et des jambes de se contracter, mais aussi à sa respiration et à son cœur de s'accélérer.

En à peine quelques secondes, Youssra est prête à faire gagner son équipe. 1, 2, 3… panier !

Pourquoi éternue-t-on lorsqu'on respire du poivre ?

Atchoum ! Marlène, ta sœur, a renversé le poivre et tu n'as pas pu te retenir d'éternuer aussitôt !

Éternuer, c'est ce qu'on appelle un **réflexe**. Pour enlever au plus vite les petits morceaux de poivre qui piquent le nez, le corps réagit sans demander son avis au cerveau. Dans ce cas, ce n'est plus le cerveau qui commande !

C'est aussi ce qui se passe lorsqu'on touche une casserole brûlante : vite, on retire la main ! On n'a mal qu'après, une fois que les **neurones** ont informé notre cerveau de la brûlure.

Avoir un haut-le-cœur est aussi un **réflexe**. Par exemple, lorsque le médecin regarde au fond de notre gorge avec un bâtonnet. Celle-ci se resserre automatiquement pour stopper tout ce qui n'est pas de la nourriture ou du liquide… sans ordre du cerveau.

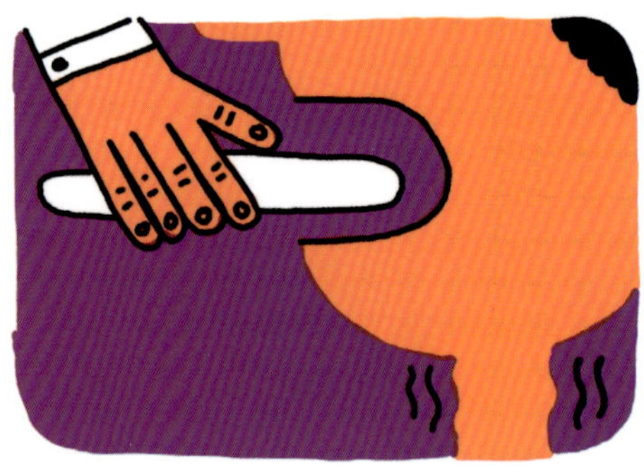

Les **réflexes** servent à nous protéger des dangers.

Certaines personnes ont une maladie qui les empêche de ressentir la douleur : elles n'ont pas le **réflexe** de lâcher quelque chose qui les brûle et se font très mal. C'est une maladie très grave.

Faire confiance à sa rotule

Pour tester ses **réflexes**, on peut s'amuser avec la rotule (le petit os sous le genou).

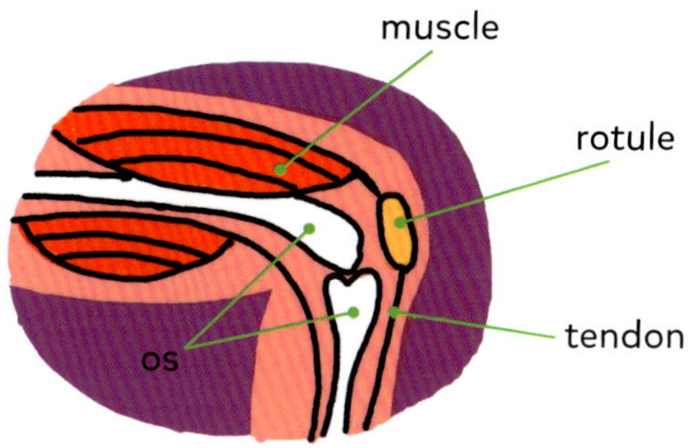

1. Il faut être assis, les jambes détendues.

2. Lorsqu'on donne une petite tape sur la rotule avec un marteau en bois, alors le bas de la jambe se lève tout seul !

3. Le muscle qui tient la rotule a été tapé. Par réflexe, il s'est contracté et il a soulevé le bas de la jambe.

Avoir une petite tête, ça veut dire qu'on est bête ?

Les scientifiques ont longtemps pensé que plus le cerveau était gros, plus on était intelligent. Aujourd'hui, on sait que c'est faux !

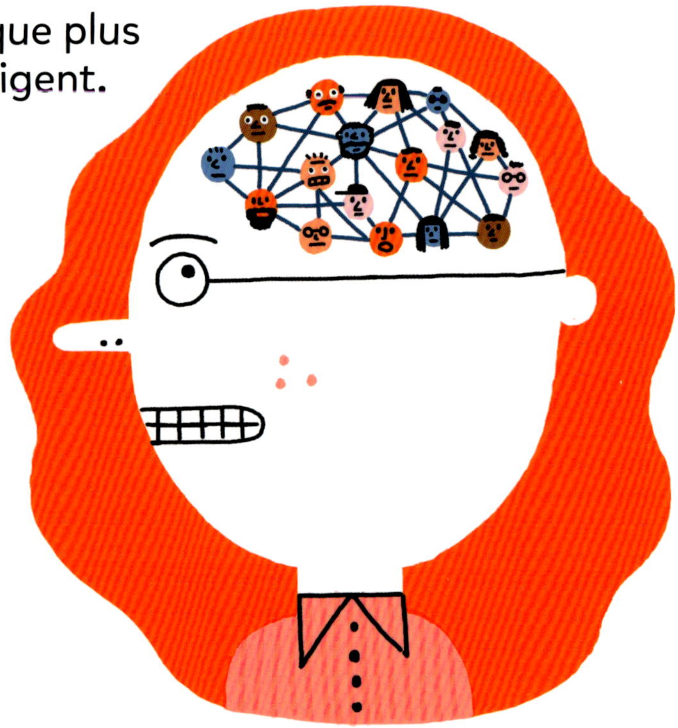

Ce qui compte le plus, c'est le nombre de liens entre nos **neurones** : plus il y en a, plus les nouvelles et les anciennes informations circulent vite dans notre tête.

Chaque neurone peut créer des milliers de **synapses** avec les autres **neurones**. Ça en fait des discussions !

C'est aussi en créant des liaisons entre nos **neurones** que nous stockons nos souvenirs ou que nous mémorisons nos leçons.

Plus la leçon est revue, plus les liaisons sont fortes et nombreuses, et plus son souvenir dure. Ces liaisons se forment plus facilement quand on est jeune.

Tester sa mémoire

Il y a 2 sortes de mémoire.
Se souvenir du repas d'hier est facile.
C'est la mémoire à court terme.
La mémoire à long terme, elle,
ne retient que ce qui nous marque
vraiment : le jour de notre anniversaire,
par exemple.

Essaie de te rappeler : qu'as-tu mangé
hier midi ? Et il y a 5 jours ? Et quel goût
avait ton gâteau d'anniversaire ?
Fais une liste de souvenirs et classe-les
selon la mémoire qui t'a servi.

Être intelligent, ça veut dire quoi ?

Ne pas être le meilleur à l'école
ne signifie pas forcément ne pas
être intelligent. De nombreux génies,
comme Albert Einstein, étaient
de vrais cancres ! L'intelligence
permet d'avoir de bonnes notes
à l'école, mais la créativité
compte aussi.

Médor a-t-il aussi un cerveau ?

Bien sûr que Médor, le chien, a un cerveau ! Et tous les animaux ont au moins des **neurones**, même les vers ou les poulpes !

Les **neurones** sont indispensables pour se protéger des dangers, se nourrir et se reproduire. Sans eux, les animaux ne pourraient pas vivre !

Mais parmi les animaux, seuls les insectes et les **vertébrés** (les chevaux, les pigeons, les saumons, les crocodiles et les grenouilles, par exemple) ont un véritable cerveau, comme nous.

Le cachalot bat tous les records, avec son cerveau de 8 kg !

D'autres animaux font des choses épatantes en groupe. On appelle cela l'intelligence collective. C'est le cas des abeilles, qui dansent en vol pour expliquer aux autres où est la nourriture.

Certains animaux sont très intelligents. Par exemple, les dauphins, les singes, les pieuvres, les perroquets… ou les corbeaux.

Le corbeau est capable de régler un problème en imaginant différentes solutions.

Pour attraper de la nourriture, des corbeaux ont réussi l’expérience suivante :

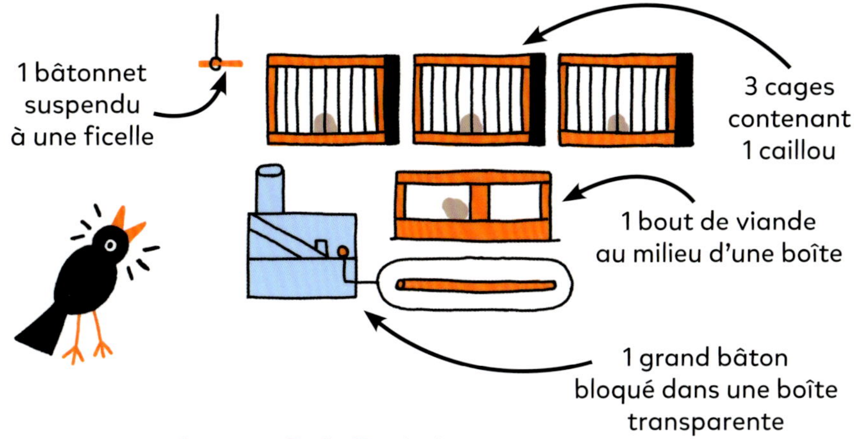

étape 1 - Le corbeau décroche un petit bâton qui est accroché à une branche au bout d’une ficelle.

étapes 2, 3, 4 - Avec ce petit bâton, il récupère 3 cailloux qui sont dans 3 cages différentes.

étapes 5, 6, 7 - Il place les 3 cailloux dans la boîte transparente, afin de dégager un bâton plus grand.

étape 8 - Avec le grand bâton, le corbeau attrape la viande !

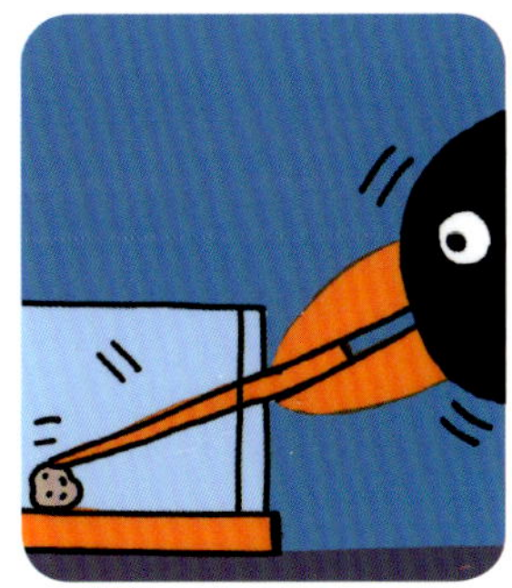

Intelligent, non ?

Un chien intelligent ?

1. Il faut d’abord observer son chien au moment où il a faim. Il sait où se situent les croquettes. Il va toujours demander près du lieu où elles sont rangées.

2. On décide de les changer d’endroit.

3. On lui montre bien le nouvel endroit choisi pour les ranger.

4. La fois suivante, stupéfaction, il a bien mémorisé le changement. Il a retenu la leçon ! Pas bête la bête !

C'est vrai que les gauchers sont maladroits ?

On a cru pendant longtemps que les gauchers étaient plus maladroits que les autres, qu'ils avaient un cerveau différent. Ce qui est faux, bien sûr !

Du temps de tes grands-parents, être gaucher était un défaut. On forçait les enfants gauchers à écrire avec la main droite ! Ce n'est plus le cas aujourd'hui, heureusement !

Mais si les gauchers peuvent parfois paraître maladroits, c'est parce que la plupart des objets sont faits pour les droitiers, beaucoup plus nombreux : sur 10 personnes, une seule est gauchère.

Tester un objet de droitier

Essaie de découper une feuille avec la main gauche en utilisant des ciseaux de droitier !

L'écriture n'est pas la seule chose qu'on fait avec la main droite ou la gauche, selon sa préférence.

Au début d'une course, nous mettons toujours le même pied en avant, c'est notre pied d'appel, notre pied le plus fort.

Pour nos yeux, c'est la même chose : l'un des 2 dirige notre regard, c'est l'œil directeur.

Découvrir son œil directeur

1. Aligne ton doigt avec un objet, puis cache chacun de tes yeux à tour de rôle.

2. Dans un cas, ton doigt s'éloigne plus de l'objet : tu caches ton œil directeur !

les 2 yeux ouverts

l'œil droit fermé

l'œil gauche fermé

Dans cet exemple, l'œil directeur est le droit.

À quoi ça sert d'avoir peur ?

On n'aime pas avoir peur, mais c'est pourtant très utile : grâce à la peur, on réagit vite face à un danger... par exemple en se sauvant !

La peur est une émotion créée par le cerveau pour réagir à une situation. Tout comme la colère, la joie, le dégoût, la tristesse, la honte et bien d'autres...

Parfois, la réaction du cerveau est beaucoup plus forte que le danger. C'est ce qui se passe dans les **phobies**, quand on est terrifié par une araignée, le vide ou la foule, par exemple.

Dans le cerveau, les **neurones** qui s'occupent des émotions sont reliés à ceux de la mémoire.

C'est pourquoi, on se souvient mieux des moments où on a ressenti des émotions fortes, comme la joie ou la peur.

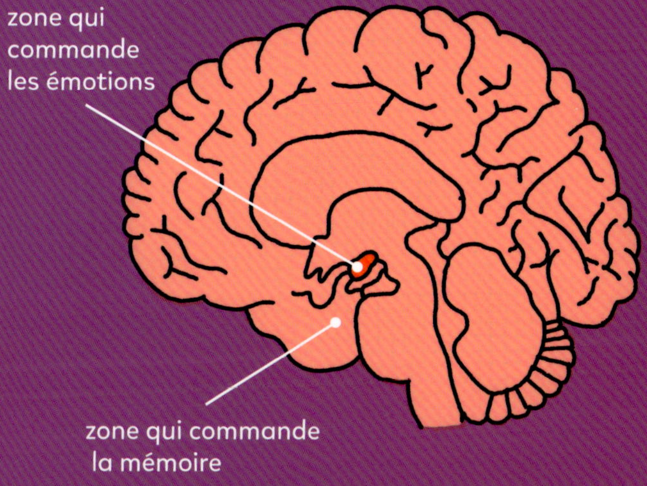

Certaines personnes sont dites hypersensibles car leur cerveau est plus sensible que les autres et réagit plus fort : elles sont très joyeuses, très tristes, très amoureuses… et souvent aussi très créatives.

Pourquoi papi ne nous **reconnaît plus** ?

Comme tous les organes, le cerveau grandit, vieillit… et peut parfois être malade.

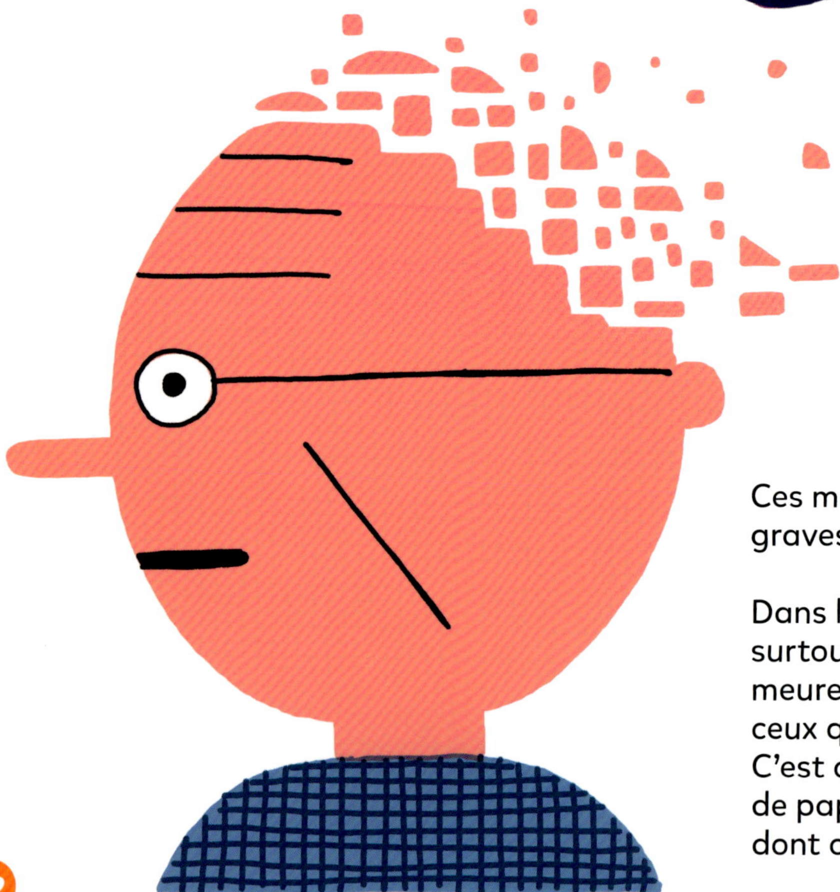

Ces maladies peuvent être plus ou moins graves et toucher des endroits différents.

Dans la maladie d'Alzheimer, qui atteint surtout les personnes âgées, les **neurones** meurent petit à petit, et en particulier ceux qui s'occupent de la mémoire. C'est ce qui se passe dans le cerveau de papi. C'est un peu comme un puzzle dont on perdrait des pièces petit à petit.

Des fois, même s'il n'est pas malade, le cerveau se trompe. Il peut par exemple mal comprendre ce que voient les yeux. On appelle cela une illusion d'optique.

Ici, on a l'impression que les images tournent, alors qu'il n'en est rien !

Et ici, le cercle du milieu de gauche semble plus grand que celui de droite. En fait, ils ont la même taille !

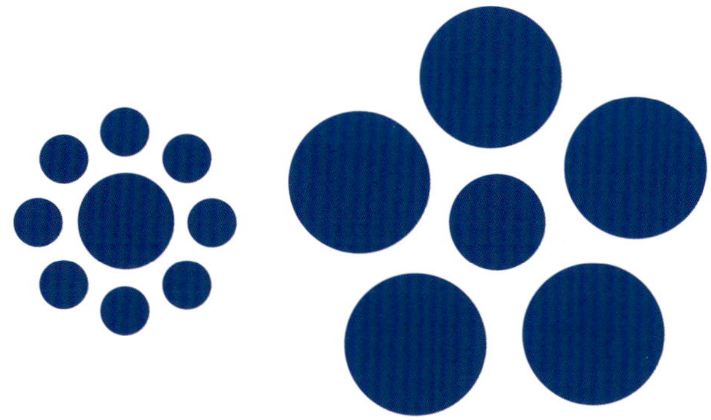

Le cerveau peut créer de faux souvenirs. Pour le prouver, des scientifiques ont cherché, puis raconté 4 souvenirs d'enfance aux personnes concernées ; pour chacune d'entre elles, un des 4 souvenirs était inventé... mais certaines s'en souvenaient quand même !

Mais où est donc le cerveau ?

Où se situe le cerveau ? Facile, maintenant que tu sais tout sur lui ! Mais cela n'a pas toujours été si évident...

Il y a plus de 2000 ans, un savant grec, Aristote, croyait dur comme fer que l'intelligence était dans le cœur et que le cerveau ne servait qu'à réchauffer le corps !

Dans le passé, les scientifiques pensaient que les bosses de notre crâne révélaient notre personnalité. On appelait cela la phrénologie. Tel un muscle qui grossit quand on l'utilise, le cerveau faisait selon eux des bosses aux endroits les plus utilisés. Par exemple, on parlait de la bosse des maths !

Dans les années 1860, un homme est surnommé M. Tan-tan parce qu'il ne peut prononcer que la syllabe « tan ».
À sa mort, le médecin Pierre-Paul Broca découvre dans son cerveau une grosse blessure sur la partie avant gauche.
Il appelle cet endroit l'« aire du langage ».

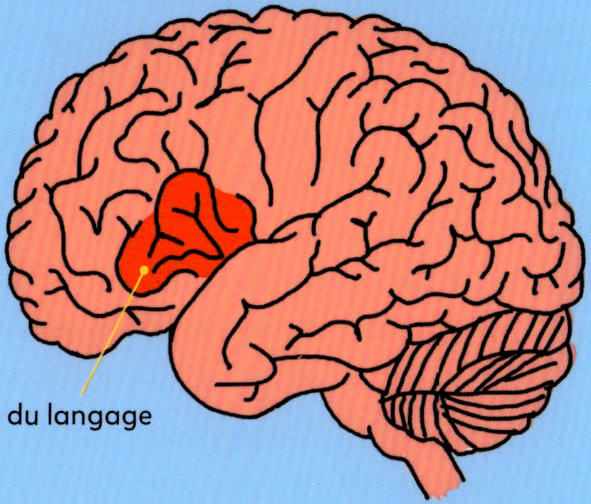

Grâce à l'imagerie comme l'IRM ou le scanner, on a trouvé où, dans le cerveau, se passent les commandes de presque tout. Mais depuis quelques années, de nouvelles découvertes montrent que c'est encore beaucoup plus compliqué que cela...
On est loin de tout savoir sur le cerveau !

mon p'tit Dico du cerveau

Ces pages te présentent les mots les plus employés quand on parle du cerveau. Toi-même, tu seras amené à rencontrer ces mots dans des activités que tu feras à la maison et à l'école.

axone : prolongement du neurone qui envoie le signal électrique vers la synapse.

cellules : minuscules éléments vivants qui constituent tous les êtres vivants.

cellules gliales : cellules du cerveau qui prennent soin des neurones.

cervelet : partie de l'encéphale qui contrôle l'équilibre et la possibilité de faire plusieurs mouvements en même temps.

consciente (action) : que l'on sait être en train de faire / dont on se rend compte.

cortex : surface du cerveau.

diencéphale : partie de l'encéphale qui contient des structures importantes pour la production d'hormones.

encéphale : contenu de l'intérieur de la tête, c'est-à-dire cerveau, cervelet et tronc cérébral.

gaine de myéline : cellules qui entourent certains axones et permettent ainsi d'augmenter la vitesse des signaux.

glande pinéale : petite boule à l'intérieur du cerveau qui produit notamment la mélatonine.

goût : sens qui permet de ressentir le goût des aliments, grâce aux papilles de la langue.

hormone : substance chimique fabriquée dans le corps, et qui circule dans le sang.

inconsciente (action) : que l'on fait sans s'en rendre compte.

liquide céphalo-rachidien : substance protectrice située tout autour du cerveau, dans la boîte crânienne.

mélatonine : hormone produite le soir par la glande pinéale et qui donne envie de dormir.

méninges : enveloppes qui entourent le cerveau, le protègent et lui apportent par le sang de quoi respirer et se nourrir.

moelle épinière : prolongement du cerveau passant dans la colonne vertébrale ; elle est constituée des nerfs partant dans tout le corps.

nerf optique : nerf qui transmet les informations entre les yeux et le cerveau.

nerfs : « routes » constituées d'axones de neurones, qui transportent les messages entre le cerveau et le reste du corps.

neurones : cellules du cerveau qui peuvent communiquer avec le reste du corps grâce à l'électricité.

neurones moteurs : neurones qui commandent les muscles.

neurones sensitifs : neurones qui reçoivent les informations des organes des sens (yeux, bouche, etc.) et les envoient au cerveau.

neurotransmetteurs : petits signaux produits par les neurones pour communiquer avec d'autres cellules.

nutriments : aliments coupés en tout petits bouts, indispensables pour nourrir les cellules du corps.

odorat : sens qui permet de sentir les odeurs, grâce au nez.

ouïe : sens qui permet d'entendre, grâce aux oreilles.

phobie : peur incontrôlable.

réflexe : mouvement très rapide, sans réfléchir, en réaction à une situation.

satiété : sensation d'avoir assez mangé.

synapse : petite structure qui relie l'axone d'un neurone à un autre neurone ou un muscle et qui leur permet de communiquer.

toucher : sens qui permet de sentir les objets, en particulier avec la peau et les doigts.

tronc cérébral : partie de l'encéphale qui contrôle la respiration et la vitesse des battements du cœur.

vertébrés : animaux qui ont un squelette dans leur corps.

vue : sens qui permet de voir, grâce aux yeux.

Dans la même collection

mes p'tites Questions sciences

découvre

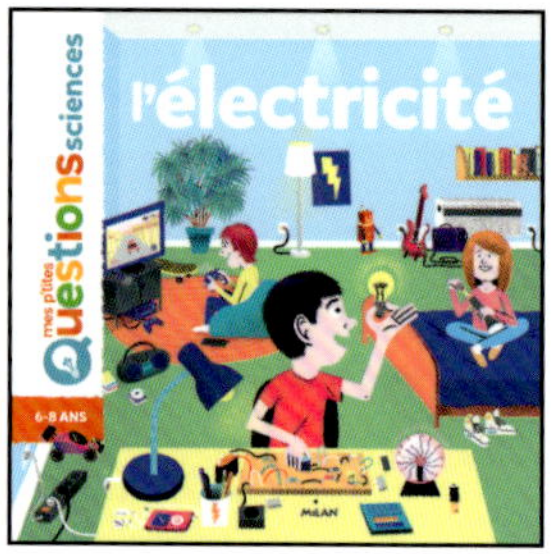

Découvre la collection

mes p'tites Questions Encyclo

Découvre les titres de la collection

mes p'tites Questions

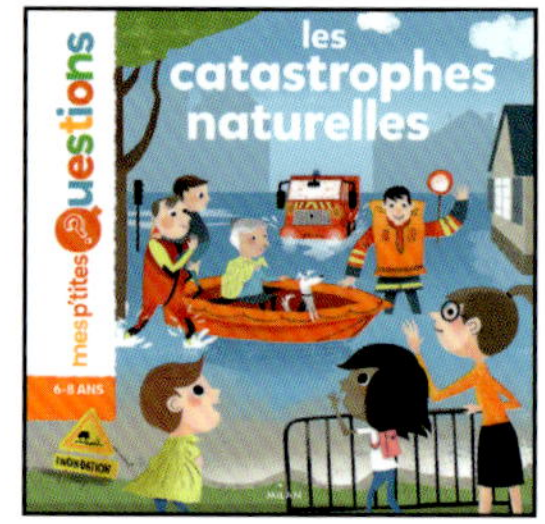

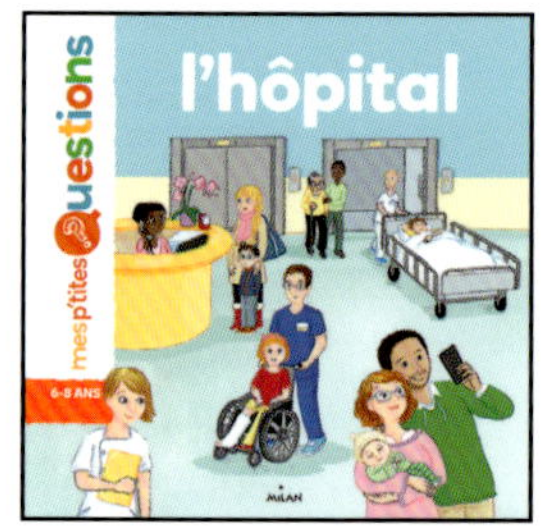

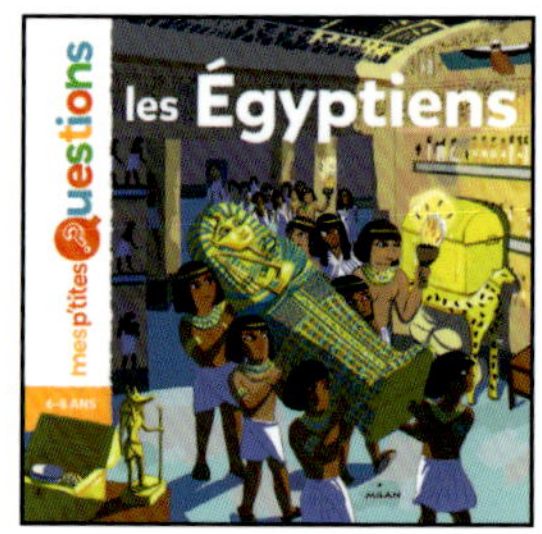